科学のアルバム

セミの一生

佐藤有恒●写真
橋本洽二●文

あかね書房

もくじ

構成●七尾　純
イラスト●渡辺洋二
　　　　　林　四郎
装丁●画工舎

科学のアルバム

セミの一生

佐藤有恒（さとう　ゆうこう）

一九二八年、東京都麻布《あざぶ》に生まれる。子どものころより昆虫《こんちゅう》に興味《きょうみ》をもち、東京都公立学校に勤《つと》めながら昆虫写真を撮《と》りつづける。一九六三年、東京都銀座《ぎんざ》で虫と花をテーマにした個展《こてん》をひらき、翌《よく》一九六四年に、フリーのカメラマンとなる。以後《いご》、すぐれた昆虫生態《せいたい》写真を発表しつづけ「昆虫と自然《しぜん》のなかに美を発見した写真家」として注目される。おもな著書《ちょしょ》に「アサガオ」「ヘチマのかんさつ」「紅葉のふしぎ」「花の色のふしぎ」（共にあかね書房）などがある。一九九一年、逝去《せいきょ》。

橋本洽二（はしもと　こうじ）

一九三三年、東京都渋谷《しぶや》区に生まれる。子どものころよりセミに親しみ、雑誌《ざっし》「子供の科学」「新昆虫」などに研究を発表。故《こ》加藤正世、および元農業技術《ぎじゅつ》研究所昆虫同定分類《ぶんるい》研究室長・長谷川仁氏に師事《しじ》。以来《いらい》、本格的《ほんかくてき》にセミの生態研究に従事《じゅうじ》、「CICADA」「昆虫と自然」などに数々の論文《ろんぶん》を発表している。わが国を代表するセミ研究家の一人。日本セミの会を創立、現在《げんざい》代表幹事《かんじ》。

にぎやかにないているなかまからすこしはなれて、ひっそりとからだをふるわせているセミがいたら、それは、かれ枝《えだ》をさがしあててたまごをうんでいる母《はは》ゼミなのです。

●かれ枝《えだ》に産卵管《さんらんかん》をつきさして
たまごをうむニイニイゼミ。

↑たまごからでたばかりの前幼《ぜんよう》。

↑光《ひかり》をかんじる眼点《がんてん》がすけてみえる。

孵化《ふか》

セミのたまごは長《なが》さ約《やく》二ミリ、乳白色《にゅうはくしょく》でつやがあります。

ミンミンゼミのたまごは、そのままで冬《ふゆ》をこし、つぎの年《とし》の七月《がつ》ごろかえります。これを孵化《ふか》といいます。孵化《ふか》には水分《すいぶん》がひつようなので、雨《あめ》の日《ひ》にかえることがおおいようです。

かれ枝《えだ》の穴《あな》からでてくるときは、前幼《ぜんよう》といってうすい皮《かわ》をかぶったオットセイのようなすがたをした小虫《こむし》ですが、穴《あな》の口《くち》で皮《かわ》をぬいで第《だい》一令《れい》の幼虫《ようちゅう》になります。

皮《かわ》ぬぎをしたばかりの一令《れい》幼虫《ようちゅう》。

幼虫《ようちゅう》、土《つち》の中《なか》へ

幼虫《ようちゅう》はすこしやすんだあと、足《あし》をはなし地面《じめん》におちます。そして触角《しょっかく》をふりながらあるきまわり、やわらかそうなところから土《つち》の中《なか》にもぐりこんでいきます。

→アブラゼミの四令《れい》幼虫《ようちゅう》。

←根《ね》に口《くち》をさして樹液《じゅえき》をすうアブラゼミの終令《しゅうれい》幼虫《ようちゅう》。

幼虫《ようちゅう》の成長《せいちょう》とくらし

いよいよ長《なが》い土《つち》の中《なか》の生活《せいかつ》がはじまります。

一令《れい》幼虫《ようちゅう》では、しばらく地面《じめん》をあるかなければならないので、触角《しょっかく》と足《あし》がはったつしており、明暗《めいあん》をかんじる眼《がん》点《てん》という器官《きかん》もそなえています。

二〜三か月後《げつご》に皮《かわ》をぬぎ、二令《れい》になると、からだのつくりがちがってきます。からだにも足《あし》にも長《なが》い毛《け》がはえています。

これは、土《つち》にかこまれたまっくらな生活《せいかつ》で、からだのまわりのようすをしらべるのに役《やく》だつ感覚毛《かんかくもう》なのです。

↑終令《しゅうれい》の触角《しょっかく》（アブラゼミ）

↑終令《しゅうれい》の複眼《ふくがん》（アブラゼミ）

幼虫《ようちゅう》のからだ、目《め》、触角《しょっかく》

二令《れい》から終令《しゅうれい》になるまでの幼虫《ようちゅう》には眼点《がんてん》もなく、複眼《ふくがん》にあたるぶぶんは白《しろ》くて、ものを見《み》るちからはありません。まっくらな土《つち》の中《なか》では、目《め》はいらないのです。

そのかわり触角《しょっかく》は、たいへんはったつしています。

まっくらな土《つち》の中《なか》をじゆうに移《い》動《どう》したり、木《き》の根《ね》をさがしあてたりするとき、触角《しょっかく》はたいせつなはたらきをします。

幼虫《ようちゅう》は、管《くだ》のような口《くち》を根《ね》にさし、樹液《じゅえき》をすって成長《せいちょう》します。

⬆毛《け》のたくさんはえたうしろ足《あし》。

⬆土《つち》をほるのにべんりなまえ足《あし》。　アブラゼミ）

坑道《こうどう》をほる

　アブラゼミは土《つち》の中《なか》で四回皮《かいかわ》ぬぎをしますが、最後《さいご》の皮《かわ》ぬぎのまえに、だ液《えき》や排液《はいえき》で土《つち》をかため、まえ足《あし》をつかってま上《うえ》にのびるトンネルをつくります。坑道《こうどう》です。

　最後《さいご》の皮《かわ》ぬぎをおわると、からだの皮《かわ》があつくなり、もう羽《はね》もはっきりわかります。

　やがて目《め》もくろずんできて、ものがよく見《み》えるようになります。

　そして、坑道《こうどう》をのぼりおりして、外《そと》のようすをうかがいながら、地《ち》上《じょう》にでる日《ひ》をまっています。

そして夏《なつ》のある日《ひ》、夕《ゆう》がたから夜《よ》なかにかけて、幼虫《ようちゅう》は坑道《こうどう》のてんじょうの土《つち》をくずして、地上《ちじょう》にあらわれます。

➡木《き》をのぼるアブラゼミの幼虫《ようちゅう》。

⬅葉《は》のうらにとまって皮《かわ》ぬぎをまつアブラゼミの幼虫《ようちゅう》。

木《き》のみきや葉《は》へ

満《まん》五年《ねん》まえ土《つち》にもぐったセミの子《こ》のうち、いろいろな敵《てき》の目《め》をのがれて、ふたたび外《そと》にでてくるものは、ほんのわずかにすぎません。

しばらくあるきまわった幼虫《ようちゅう》は、やがて木《き》のみきや枝《えだ》、葉《は》のうらなどに、足先《あしさき》のつめでしっかりとつかまります。

そのしせいは、つかまった場所《ばしょ》によってさまざまですが、からだのかたむきをしらべてみると、頭《あたま》をま上《うえ》にしたものや、あおむけのものがおおいことがわかります。あとで羽《はね》をのばすときつごうがよいしせいなのです。

頭《あたま》をぐっともちあげて……。

せなかがわれて……。(クマゼミ)

羽化《うか》

じっととまっていた幼虫《ようちゅう》がりきみはじめると、まもなくせなかの皮《かわ》がわれて、羽化《うか》がはじまります。

土《つち》でよごれた皮《かわ》のさけめから、うすみどり色《いろ》のみずみずしいからだがでてくる、それはすばらしいしゅんかんです。

一〇分《ぷん》もすると、頭《あたま》がすっかりあらわれ、もみくちゃの羽《はね》もひきだされ、つづいて足《あし》。そして、しだいにからだをあおむけにたおし、腹《はら》のはしだけをからの中《なか》にのこしてぶらさがります。

こうしてしばらくじっとして、新《あたら》しいからだづくりのじゅんびをします。

アブラゼミ

クマゼミ

さらに、一〇分《ぷん》ほどたつと、セミは
腹《はら》のちからでおきなおり、足《あし》でからに
つかまって腹《はら》のはしをひきだします。
これで、すっかりぬけだしたわけです。

おきなおってからは、血液《けつえき》が羽《はね》のすみずみまでながれこみ、そのちからで羽《はね》がゆっくりのびはじめます。

でも、まだとてもやわらかいので、手《て》でさわったりすると、かたちがくずれてきれいにのびなくなってしまいます。

二〇分《ぷん》ほどたって、やっと羽《はね》がのびきりました。

アブラゼミ

クマゼミ

➡羽化《うか》をおわって約《やく》五時間後《じかんご》のアブラゼミの成虫《せいちゅう》。

⬅はじめて空《そら》をとぶアブラゼミの成虫《せいちゅう》。

はじめて空《そら》へ

セミは、羽化《うか》がおわってもすぐにはとべません。からだがまだかたまってはいないからです。

それから二、三時間《じかん》たつうちに、だんだんからだぜんたいが色《いろ》づきかたくなって、やっと親《おや》らしくなるのです。

クマゼミは明《あ》けきっていない空《そら》にとびたちますが、アブラゼミはよく日《じつ》の午後《ごご》になって、やっととびさることもあります。

羽化《うか》したばかりのセミは、グググという小《ちい》さな声《こえ》しかでません。大声《おおごえ》でなけるまでには、四日《か》ほどかかります。

↑アブラゼミのオス（左《ひだり》）メス（右《みぎ》）。

↑ツクツクボウシのオス（左《ひだり》）メス（右《みぎ》）。

オスとメスのからだのちがい

セミでなくのはオスだけです。オスとメスのちがいをしらべてみましょう。腹《はら》のほうを見《み》て、胸《むね》と腹《はら》のあいだに大《おお》きなうろこのような形《かたち》のものが二枚《まい》ついているのがオス、腹《はら》のはしがとがって、産卵管《さんらんかん》の見《み》えるのがメスです。

クマゼミやエゾゼミは、とまっているところをよこから見《み》ると、オスは腹《はら》のはしをやや内《うち》がわにまげているし、メスは外《そと》がわにそらせたかんじなので、ないていなくてもすぐわかります。

ツクツクボウシは、オスとメスの腹《はら》の長《なが》さがちがうので区別《くべつ》できます。

⬆クマゼミのオス。

朝《あさ》はやくなきだしたクマゼミのオス。

クマゼミの島《しま》

瀬戸内海《せとないかい》の香川県《かがわけん》岩黒島《いくろじま》は、クマゼミの島《しま》としてゆうめいです。

クマゼミは、日本《にっぽん》でもっとも大《おお》きなセミで、西日本《にしにほん》におおく、七〜八月《がつ》ごろセンセンセンとちからづよくなきたてます。

日《ひ》の出《で》まえに一ぴきのクマゼミがなきはじめると、すぐほかのセミが連《つ》れなきをはじめ、いつしか島《しま》じゅうが大合唱《だいがっしょう》になります。

ときどき、一ぴきがないているところへ別《べつ》のオスが近《ちか》よってきて、たがいにのし上《あ》がり羽《はね》でたたきあい、とうとうかたほうがおいだされてしまうこともあります。

➡いっせいに食事《しょくじ》をするクマゼミたち。

⬅樹液《じゅえき》のにおいをかいでやってきたアシナガバチ。

クマゼミの食事《しょくじ》

午後《ごご》は食事《しょくじ》の時間《じかん》です。すきな樹液《じゅえき》の木《き》にあつまって、いっせいに汁《しる》をすいはじめます。午前《ごぜん》ちゅうは、きそってなき、とびまわり、午後《ごご》はぴたりとなきやんで食事《しょくじ》をするというように、一日《にち》の行動《こうどう》がはっきりわかれているのがクマゼミの大《おお》きなとくちょうです。

セミがつきさした口《くち》もとからながれでた樹液《じゅえき》に、ほかの虫《むし》たちもおしょうばんにあずかりによってきます。セミは足《あし》をあげ、道《みち》をあけてやります。

敵《てき》

でも、うっかりとびまわったり、食事《しょくじ》にむちゅうになりすぎていると、クモやカマキリにつかまってしまいます。

➡クマゼミをねらっているカマキリの幼虫《ようちゅう》。

⬅オニグモのあみにひっかかったクマゼミ。

➡メス（上《うえ》）に近《ちか》づくオス（下《した》）

⬅V《ブイ》字型《じかた》になって交尾《こうび》するクマゼミのオスとメス。

クマゼミの結婚《けっこん》

成虫《せいちゅう》になってからは、わずか半《はん》月《つき》ほどのいのちしかありません。

メスは、羽化後《うかご》、四、五日《にち》めにないているオスのそばにとんでいってとまります。メスをみつけたオスはいそいそとあゆみよっていき、いつもとはちがうちょうしでなきながらメスをさそい、交尾《こうび》をします。

メスはそれからかれ枝《えだ》をさがし、なんか所《しょ》かにたまごをうみつけ、うみおわると、ポトリとおちるようにして一生《いっしょう》をおわるのです。

いろいろなセミ

日本《にっぽん》には、北海道《ほっかいどう》から沖縄《おきなわ》まで、三十しゅるい以上《いじょう》のセミがいます。そのうち、いちばん大《おお》きいのはクマゼミで四・七センチメートル、羽《はね》をひろげると十二・五センチメートルもあります。いちばん小《ちい》さいのはくさむらにいるイワサキクサゼミ、一・四センチメートルです。

ハルゼミのぬけがら（0.8倍《ばい》）

ハルゼミ　三・二cm

日本《にっぽん》でいちばん早《はや》くなく小《ちい》さなセミで、東京《とうきょう》のちかくでは五月《がつ》ごろないています。北海道《ほっかいどう》にはいません。松林《まつばやし》で、おもに午前《ごぜん》ちゅう、それも天気《てんき》のよい日《ひ》にだけなきます。一ぴきがカラ……ギーッギーッギーッとなきだすと、林《はやし》じゅうが合唱《がっしょう》になります。

エゾハルゼミのぬけがら（0.8倍《ばい》）

エゾハルゼミ　三・四cm

六、七月《がつ》ごろ、七〇〇メートル以上《いじょう》の山《やま》の雑木林《ぞうきばやし》でないています。ハルゼミに近《ちか》いしゅるいですが、見《み》たところはヒグラシをひとまわり小《ちい》さくしたようです。

ゲーキョーゲーという前《ぜん》そうにつづき、ケケケケとカエルのような声《こえ》でなきます。

ニイニイゼミのぬけがら（0.8倍《ばい》）

ニイニイゼミ　二・五cm

梅雨《つゆ》があけるころから、チーと長《なが》くなきつづけます。朝《あさ》、うすぐらいうちになきはじめ、ほとんど一日《にち》じゅうないています。

たまごは五〇日《にち》ほどでかえり、幼虫期間《ようちゅうきかん》は四年《ねん》ぐらい、終令幼虫《しゅうれいようちゅう》は、からだの表面《ひょうめん》にあつくどろをかぶっています。

ヒグラシ　三・八cm

近《ちか》ごろ都会《とかい》では、このセミがだいぶすくなくなってしまいました。明《あか》るさや温度《おんど》のへんかにびんかんに反応《はんのう》し、平地《へいち》では明《あ》けがたと夕《ゆう》がたにだけ、カナカナとうつくしい声《こえ》でなきます。すずしくてうすぐらい山《やま》の林《はやし》の中《なか》では、一日《にち》じゅうないていることもあります。

ヒグラシは、たまごをうみつけたあとの穴《あな》を、白《しろ》いものでふさぎ、たまごをまもります。

たまごは二か月《げつ》たらずでかえります。

ヒグラシのぬけがら(0.8倍《ばい》)

アブラゼミのぬけがら（0.8倍《ばい》）

アブラゼミ　四・〇cm

いちばんおなじみのセミでしょう。七月《がつ》のなかばから九月《がつ》にかけて、高《たか》い山《やま》をのぞいた日本《にっぽん》全《ぜん》国《こく》でなき声《ごえ》がきかれます。たまには十一月《がつ》にはいってからないて、おどろかされることもあります。

ときどき、からだぜんたいが赤《あか》っぽく、せなかのむらさきがかったかわりものがみつかり、セアカアブラゼミとよばれます。

たまごには、たてに数本《すうほん》のすじがあり、ミンミンやクマゼミと同《おな》じくよく年《ねん》の六、七月《がつ》に孵化《ふか》、幼虫期間《ようちゅうきかん》は三〜四年《ねん》といわれています。

ミンミンゼミ　三・六cm

アブラゼミよりいくらかおくれてでてきて、ミーンミンミンミーと元《げん》気《き》のよい声《こえ》でなくセミです。朝《あさ》も午後《ごご》もなきますが、朝《あさ》のほうがさかんです。

広《ひろ》い森《もり》におおく、地方《ちほう》によっては山地《さんち》にしかいません。

あまり群《む》れをつくらず、一回《かい》なくごとにいどうします。

からだの色《いろ》には、みどり色型《いろがた》や、黒《くろ》いぶぶんのおおい型《かた》があります。

幼虫期間《ようちゅうきかん》は三～四年《ねん》といわれています。

ミンミンゼミのぬけがら（0.8倍《ばい》）

エゾゼミ（右《みぎ》）コエゾゼミ（左《ひだり》）のぬけがら（0.8倍《ばい》）

エゾゼミ　コエゾゼミ

四・二cm　三・五cm

山《やま》にエゾハルゼミがいなくなる七月《がつ》のすえごろ、こんどはエゾゼミとコエゾゼミがなきだします。

山《やま》にいったとき、ギーーーというふとい声《こえ》がきこえたら、それがエゾゼミ、ジーーーという声《こえ》がきこえたらコエゾゼミです。エゾゼミはクマゼミについで大型《おおがた》、コエゾゼミはひとまわり小《ちい》さく、エゾゼミよりすこし高《たか》い山《やま》にいます。どちらもとぶのがへたで、また、頭《あたま》を下《した》にしてとまることがおおいので、ないている木《き》をけるとおちてくることがあります。

↑エゾゼミ
←コエゾゼミ

ツクツクボウシ　三・〇cm

なまえのとおり、ツクツクホーシ、ツクツクホーシとリズミカルになきます。そっと近《ちか》よってみると、お腹《なか》をふくざつにうごかしてないているのがわかるでしょう。

なかまがそばでなきだすと、それにこたえるように、ジュー！　となくのをよくききます。

たまごはよく年《ねん》かえり、幼虫期間《ようちゅうきかん》は二、三年《ねん》とおもわれます。

八月《がつ》のなかば、このセミの声《こえ》がきこえると、もうすぐ夏《なつ》もおわりです。

ツクツクボウシのぬけがら（0.8倍《ばい》）

＊なぞの地《ち》ちゅう生活《せいかつ》

セミは分類学《ぶんるいがく》では、半翅目《はんしもく》（管《くだ》のような口《くち》をしているなかま）のうち、同翅亜目《どうしあもく》（四つの羽《はね》ぜんたいが膜質《まくしつ》になっているなかま）にいれられています。近《ちか》いなかまの昆虫《こんちゅう》にはツノゼミ、ヨコバイ、アワフキムシ、ハゴロモなどがいますが、幼虫時代《ようちゅうじだい》を土《つち》の中《なか》でくらすのはセミだけです。

アメリカには、十七年《ねん》ものあいだ土《つち》の中《なか》で幼虫生活《ようちゅうせいかつ》をするセミもいます。でも、日本《にっぽん》のセミがなん年《ねん》、どのようなくらしをしているのかということは、まだ、あまりわかっていません。

では、わりによくわかっているアブラゼミとツクツクボウシをちゅうしんに、セミの幼虫時代《ようちゅうじだい》のくらしをしらべてみましょう。

アブラゼミは孵化後《ふかご》二か月《げつ》ほどで二令《れい》になり、二、三令《れい》の期間《きかん》はいずれも約《やく》一年《ねん》、四令《れい》の期間《きかん》は約《やく》二年《ねん》かかるといわれます。三令《れい》ぐらいまでは、わりにほそい根《ね》のそばで生活《せいかつ》していますが、最後《さいご》の皮《かわ》ぬぎが近《ちか》づくと、ふとい根《ね》のそばにま上《うえ》にのびる坑道《こうどう》をほり、その底《そこ》で皮《かわ》ぬぎをして終令《しゅうれい》（五令《れい》）になります。

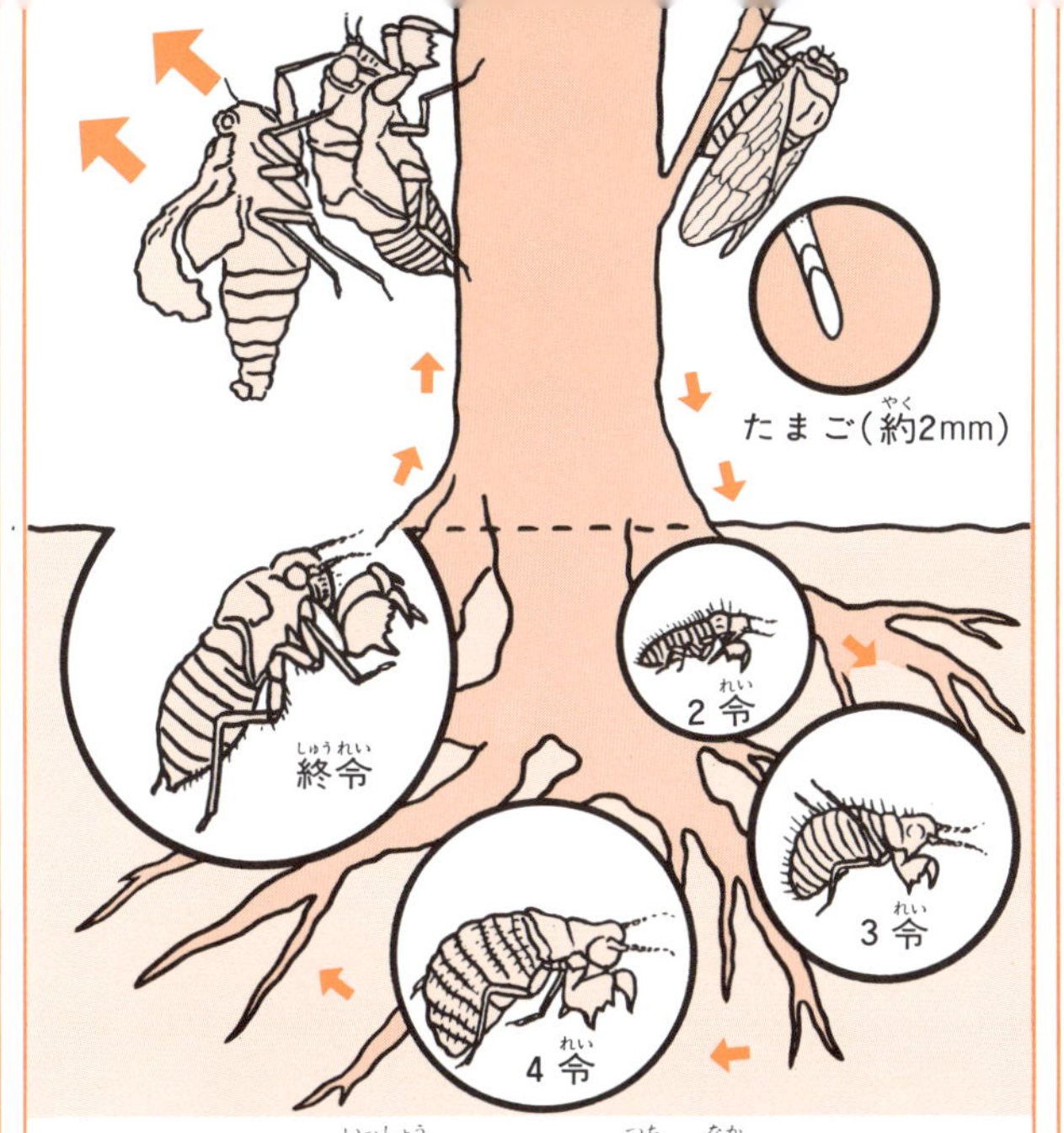

●セミは一生《いっしょう》をほとんど土《つち》の中《なか》ですごします。

幼虫時代《ようちゅうじだい》にもセミは敵《てき》にかこまれています。

地《ち》ちゅう生活《せいかつ》をしている幼虫《ようちゅう》の中足《なかあし》は、せなかのほうをむいています。これは、土《つち》の中《なか》を移動《いどう》するとき、からだをささえるのにつごうがよいからでしょう。

ツクツクボウシやアブラゼミの四、五令幼虫《れいようちゅう》は、かきおとした土《つち》をだ液《えき》でかため、まえ足《あし》とひたいで地表《ちひょう》におし上《あ》げて、二〜四センチメートルもつみあげることがあります。これを「セミの塔《とう》」とよんでいます。

セミの幼虫《ようちゅう》は、どのくらい深《ふか》いところにいるのでしょう。これは、しゅるいやきせつ、土《つち》のじょうたいなどによってもちがいますし、一ぴきの幼虫《ようちゅう》が、皮《かわ》ぬぎをかさねて成長《せいちょう》していくにつれ、土《つち》の中《なか》をどんなふうに移動《いどう》するか、まだよくわかっていないのです。

たとえばツクツクボウシの小《ちい》さな幼虫《ようちゅう》は、数《すう》センチメートルというあさいところにもいます。また、根《ね》さえあればじぶんで土《つち》をしめらせることができるので、かなりかわいた土《つち》の中《なか》からも発見《はっけん》されます。

ふつう、ツクツクボウシの坑道《こうどう》は口《くち》の直径《ちょっけい》が一・二〜二・〇センチメートル、長《なが》さは五・〇〜一二・〇センチメートルぐらいです。てんじょうの土《つち》のあつみは、はじめのうちは一〇センチメートル以《い》上《じょう》のものもありますが、夏《なつ》になるとうすくなって数《すう》ミリメートルになっていることがあります。

羽化《うか》の近《ちか》づいた終令幼虫《しゅうれいようちゅう》は、うすい土《つち》のてんじょうをとおし地上《ちじょう》のけはいをかんじとり、満《まん》五年《ねん》ぶりで土《つち》に別《わか》れをつげる機会《きかい》をうかがっているのです。

↑木《き》の根《ね》の汁《しる》をすうアブラゼミの幼虫《ようちゅう》。

↓口《くち》(管《くだ》)から毛細管《もうさいかん》をだした。

↓幼虫《ようちゅう》の口《くち》。(アブラゼミ)

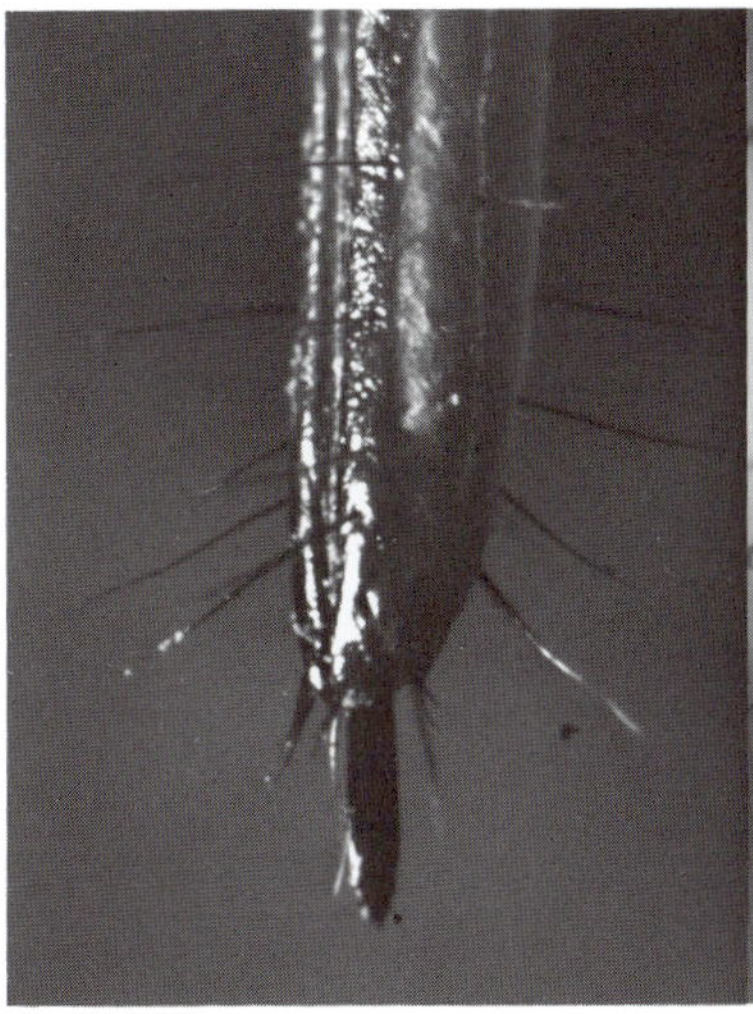

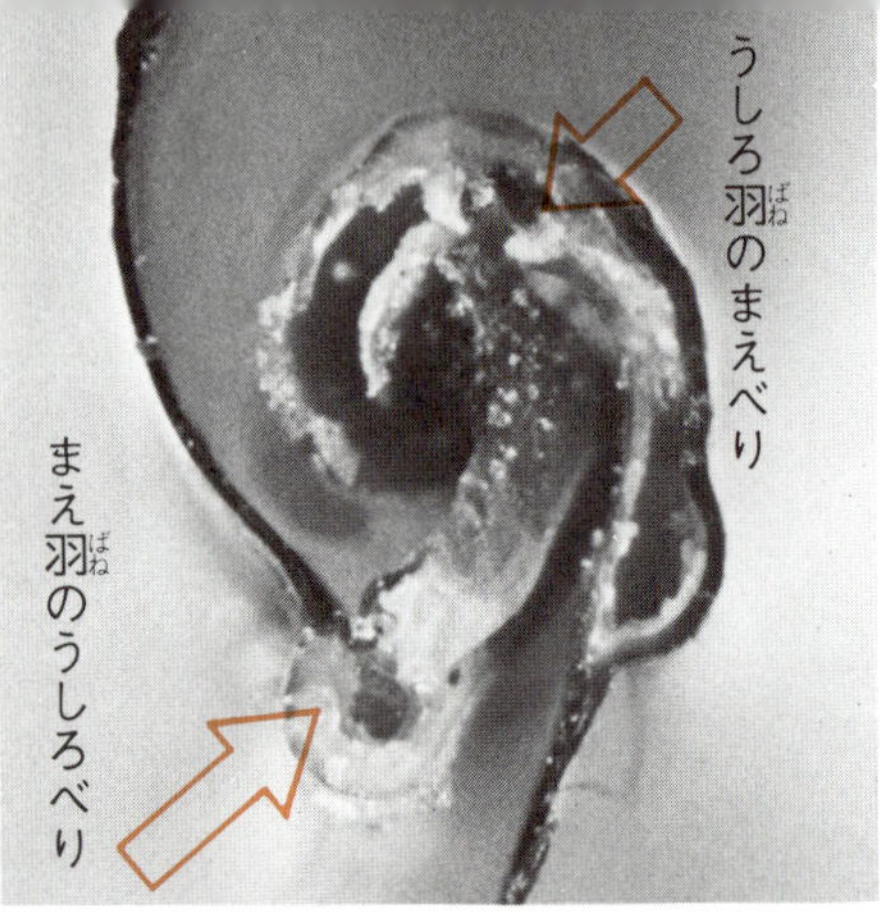

まえ羽《ばね》とうしろ羽《ばね》の連結器《れんけつき》。
（つながった状態《じょうたい》の断面《だんめん》。）

ニイニイゼミの単眼《たんがん》。

口《くち》・頭《あたま》をまえからみると、横《よこ》すじのたくさんついたぶぶんが目《め》につきます。これを額《がく》とよんでいます。この額《がく》の下《した》からのびている管《くだ》がセミの口《くち》なのです。

この管《くだ》は一本《ほん》のようにみえますが、じつはこれはさやで、中《なか》に毛《け》のようにほそい二重《にじゅう》の管《くだ》がはいっているのです。この管《くだ》は、どちらも雨《あま》どいがあわさったようにしてできています。内《うち》がわの管《くだ》（毛細管《もうさいかん》）はなかなかはなれませんが、外《そと》がわの管《くだ》はそれを左右《さゆう》からささえているだけです。

セミは、まず、かたいさやを木《き》の皮《かわ》のすきまからさしこみ、つぎに毛細管《もうさいかん》をのばして樹液《じゅえき》をすうのです。

羽《はね》・まえ羽《ばね》のうしろべりと、うしろ羽《ばね》のまえべりの一部《ぶ》はまくれあがっていて、とぶときにたがいにひっかかりあってはなれないようになっています。このぶぶんをきりとってしまうと、セミはうまくとべなくなってしまいます。

セミのなかまの大《おお》きなとくちょうです。

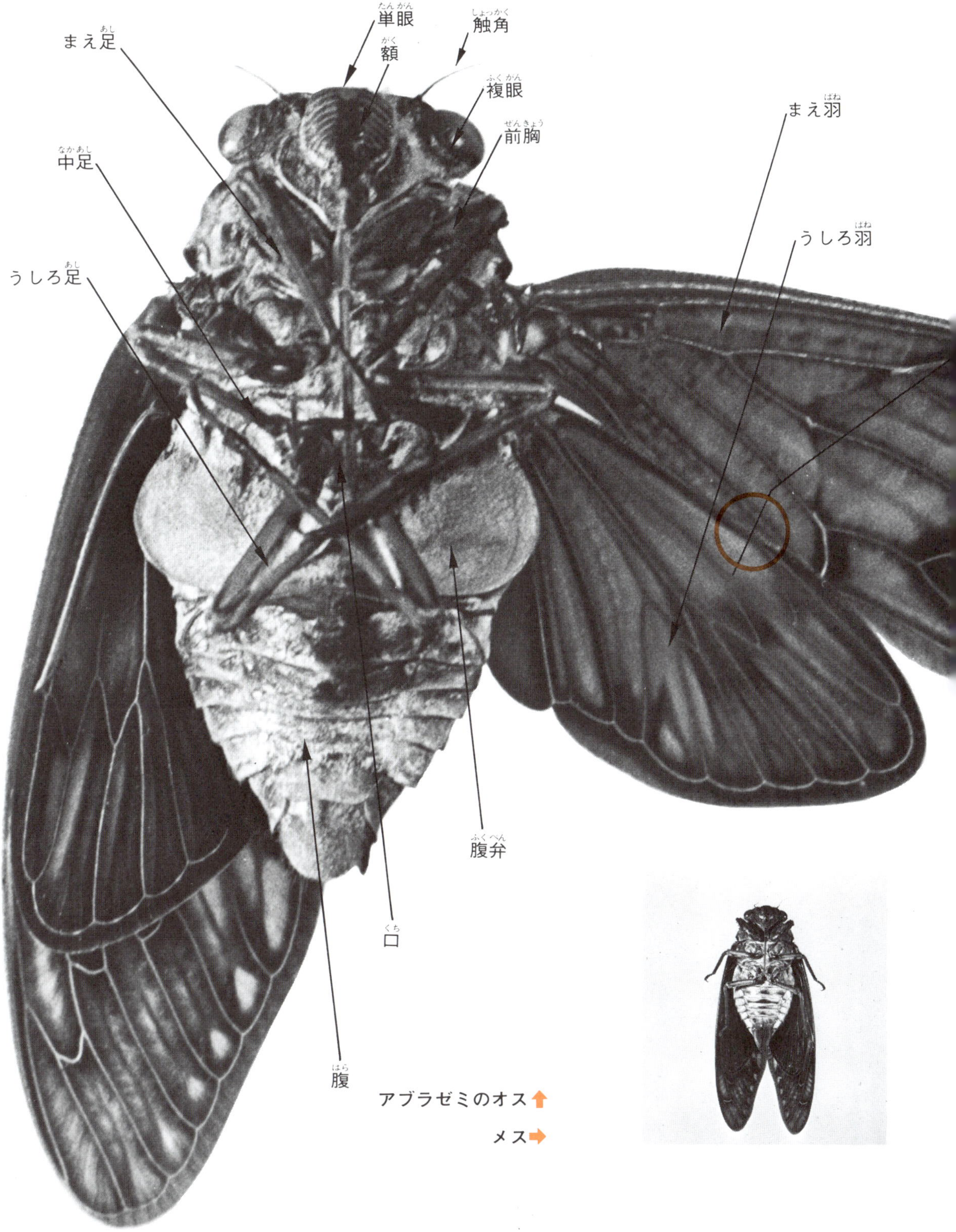
単眼《たんがん》
触角《しょっかく》
まえ足《あし》
額《がく》
複眼《ふくがん》
前胸《ぜんきょう》
まえ羽《はね》
中足《なかあし》
うしろ羽《はね》
うしろ足《あし》
腹弁《ふくべん》
口《くち》
腹《はら》

アブラゼミのオス↑

メス→

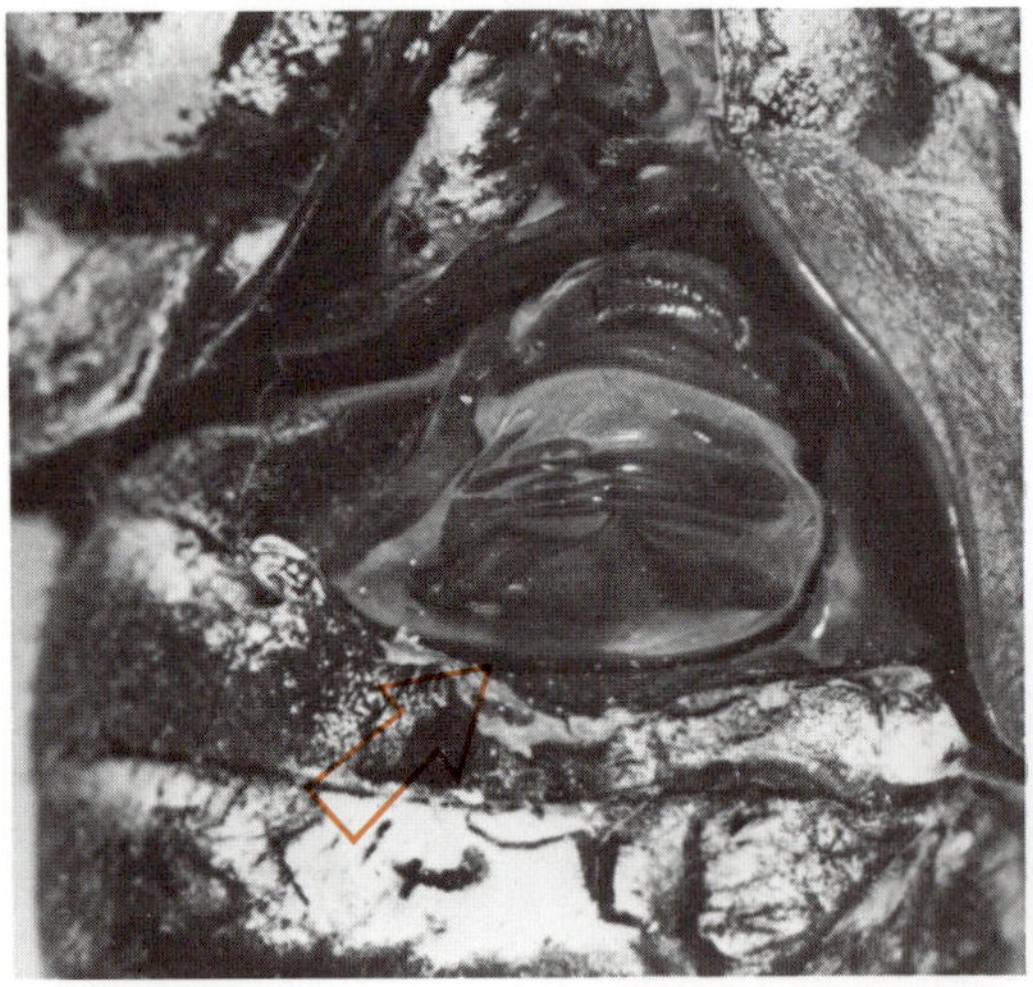

背弁《はいべん》をきりとって発振膜《はっしんまく》（矢印《やじるし》）をだした。

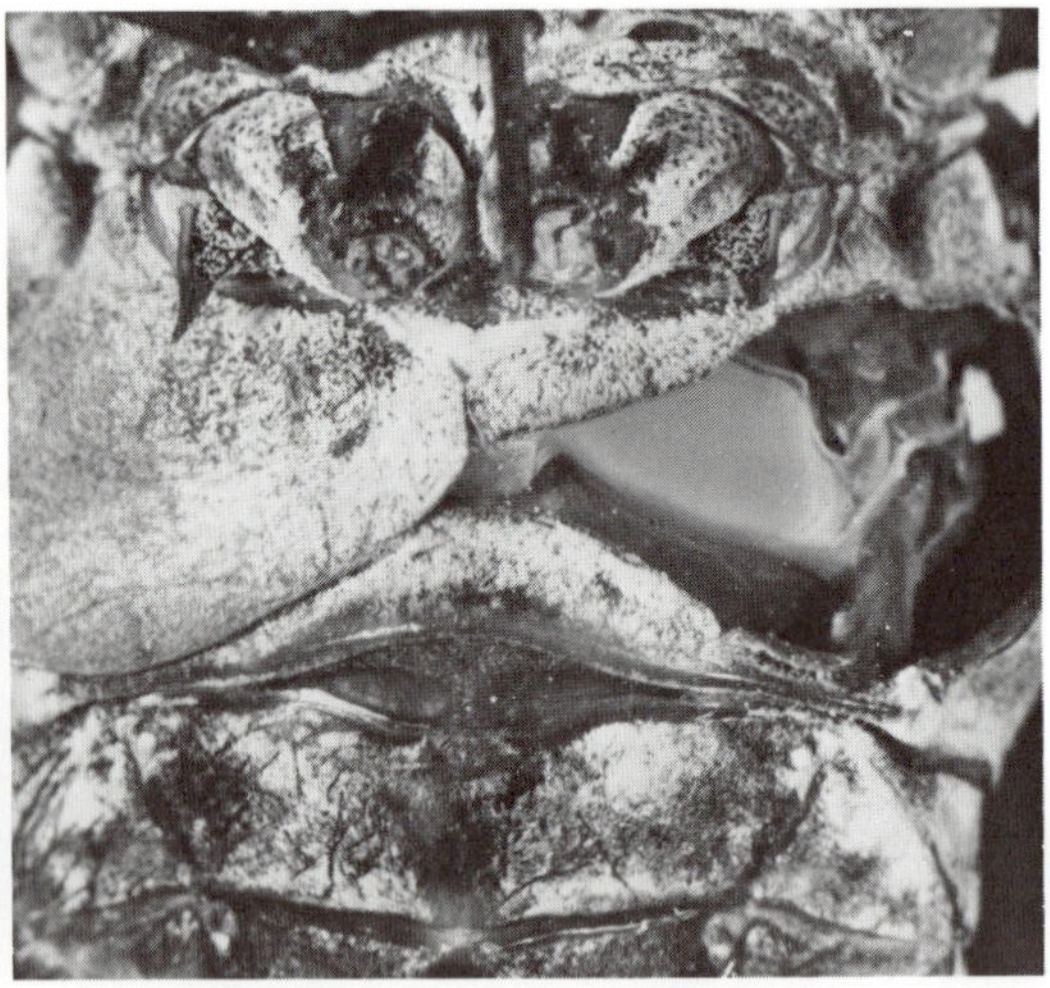

腹弁《ふくべん》をきりとって関節膜《かんせつまく》をだした。

死《し》んだばかりのオスゼミの羽《はね》をひらいて、腹《はら》のつけねの両《りょう》がわをみると、半円形《はんえんけい》の背弁《はいべん》が目《め》につきます。

まず、この背弁《はいべん》をきりとってみましょう。横《よこ》になん本《ぼん》かすじのはいった白《しろ》っぽい膜《まく》がみえます。エンピツの先《さき》でちょっとつっついてみると、ピタピタと小《ちい》さな音《おと》がします。これが発振膜《はっしんまく》で、音《おと》をだすもとです。

つぎに、腹部《ふくぶ》のまん中《なか》よりやや上《うえ》のぶぶんをきりおとし胸《むね》のほうをのぞくと、V《ブイ》字型《じがた》のふとい筋肉《きんにく》がみえます。この筋肉《きんにく》は左右《さゆう》の発振膜《はっしんまく》とつながっており、筋肉《きんにく》がちぢんでからもとにもどると、発振膜《はっしんまく》もへこんでからもとにもどります。このおうふくによってでた小《ちい》さな音《おと》が、腹《はら》の広《ひろ》いくうどうに共鳴《きょうめい》して大《おお》きな音《おと》になるのです。

腹《はら》がわにある腹弁《ふくべん》はうごきませんが、腹《はら》をそらせると下《した》にすきまがあきます。のぞくと内《うち》がわにのびちぢみする白《しろ》い膜《まく》（関節膜《かんせつまく》）がはられています。このすきまを、あけしめするとともに、腹部《ふくぶ》をのびちぢみさせ共鳴室《きょうめいしつ》の大《おお》きさをかえて、いろいろなリズムをつくりだすのです。

●セミをたてにきった。

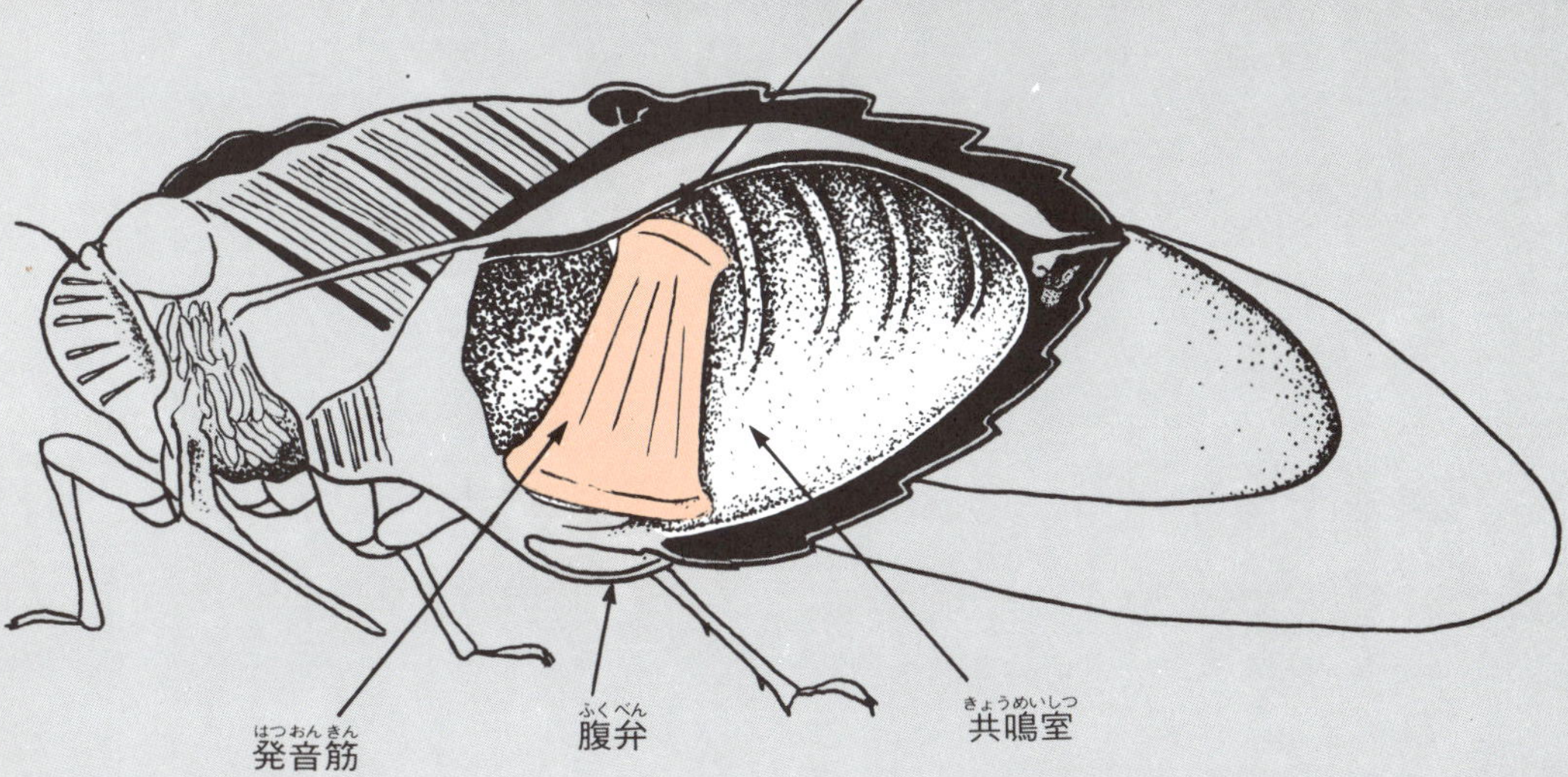

●セミの腹部《ふくぶ》をきりとった。

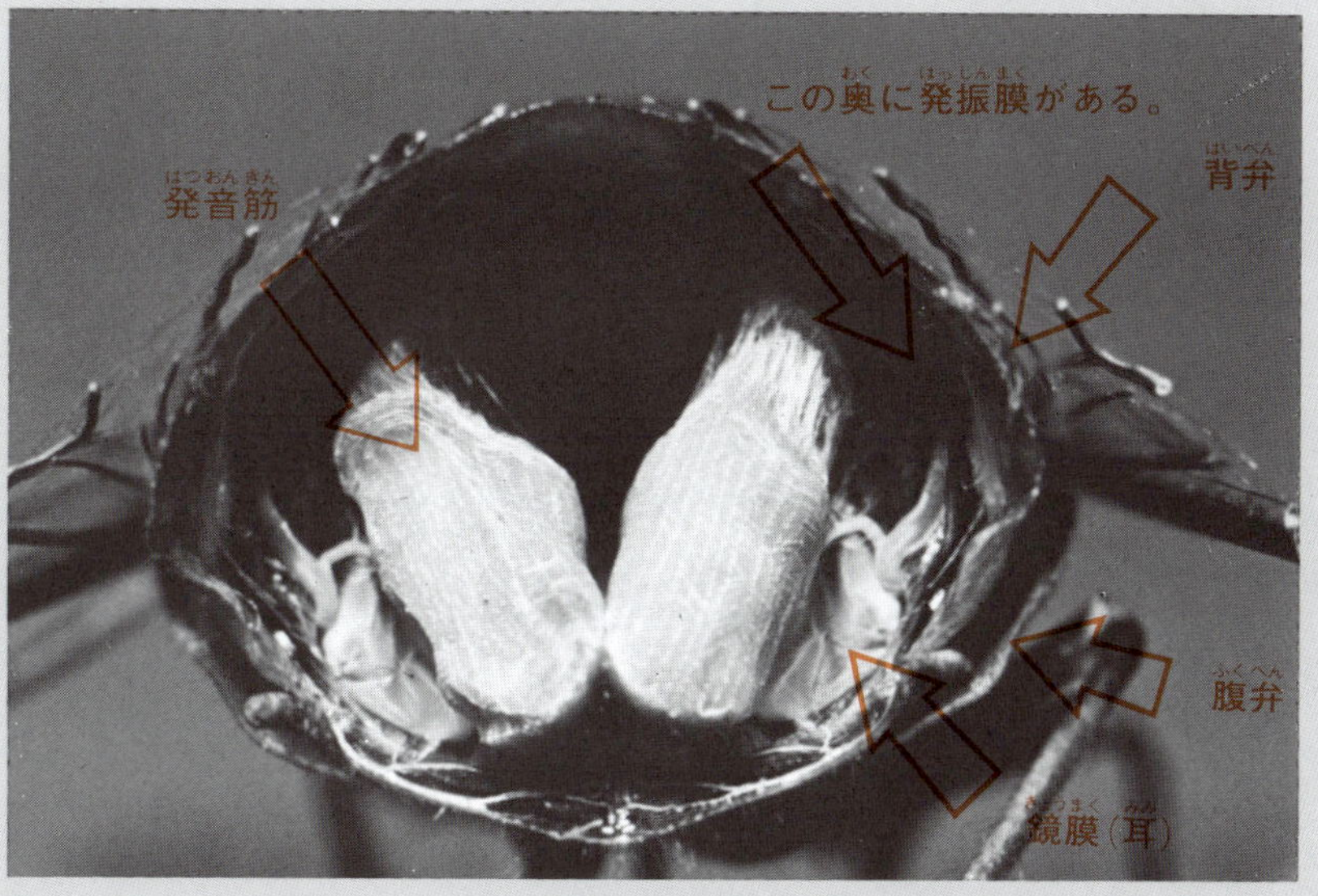

ないているときのニイニイゼミ。

ないていないときのニイニイゼミ。

日本《にっぽん》は南北《なんぼく》にほそ長《なが》い島国《しまぐに》なので、しゅるいの同《おな》じセミでも、地方《ちほう》によってかなりなきはじめる日《ひ》がちがいます。沖縄地方《おきなわちほう》では四月《がつ》ごろ、イワサキクサゼミという日本《にっぽん》最小《さいしょう》のセミがないています。本土《ほんど》でいちばん早《はや》くでるのはハルゼミで、九州《きゅうしゅう》では三月《がつ》すえからなきはじめます。

六月《がつ》にはいると、山《やま》でエゾハルゼミのコーラスがはじまり、やがて梅雨《つゆ》あけが近《ちか》づくとニイニイゼミやヒグラシのなつかしい声《こえ》がきこえてきます。一部《ぶ》で天然記念物《てんねんきねんぶつ》になっているヒメハルゼミがなきだすのもこのころです。

七月《がつ》もすえになれば、アブラゼミ、クマゼミ、ミンミンゼミ、山《やま》ではエゾゼミと大型《おおがた》のセミがでそろい、八月《がつ》のなかばツクツクボウシがなきだすと、そろそろ秋《あき》のけはいがただよいはじめるのです。

秋《あき》の山《やま》では松林《まつばやし》で、チッチゼミという小さなセミがなき、対馬《つしま》のチョウセンケナガニイニイというかわりものは、ぶるぶるふるえるような十一月《がつ》の寒《さむ》さの中《なか》でも、げんきに活動《かつどう》しています。

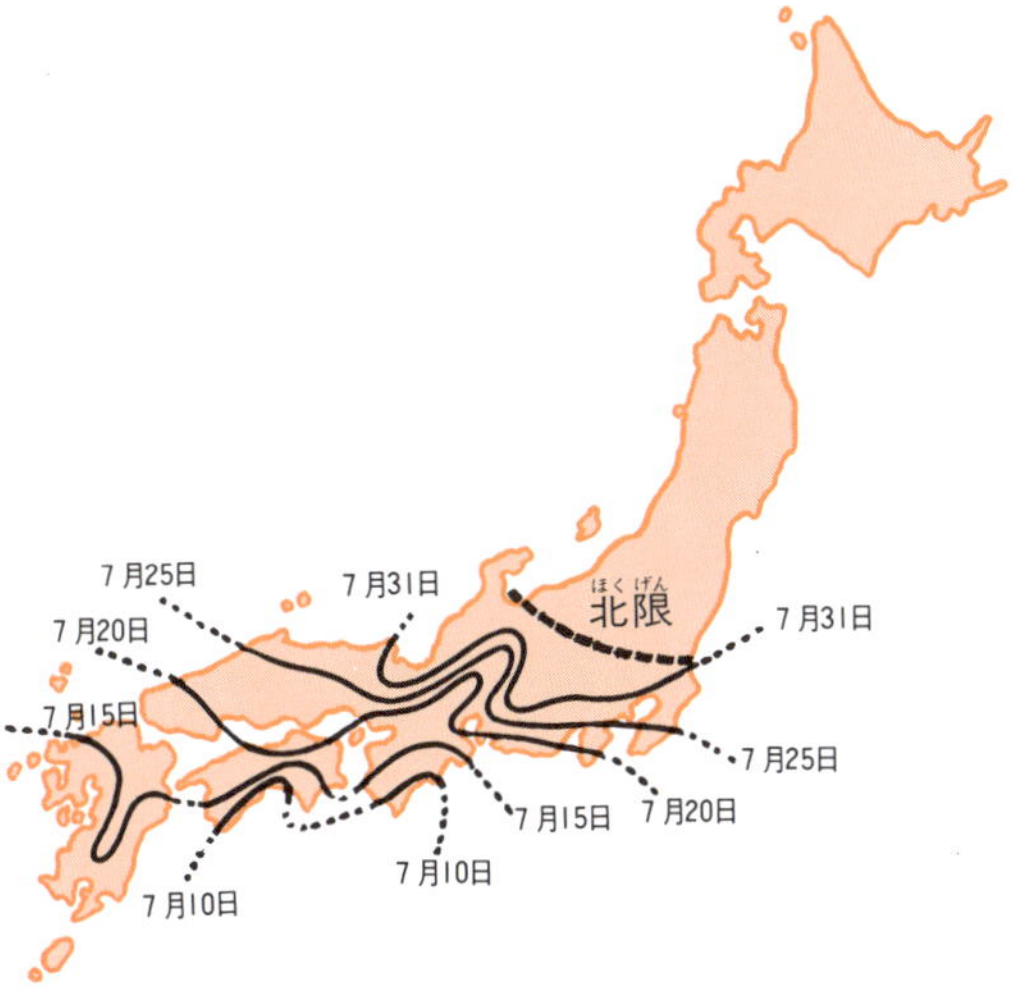

↑クマゼミのなきはじめる時期《じき》。

地図は大後美保先生の「日本の季節—動物篇—」により，クマゼミの北限をつけくわえました。

↑ニイニイゼミのなきはじめる時期《じき》。

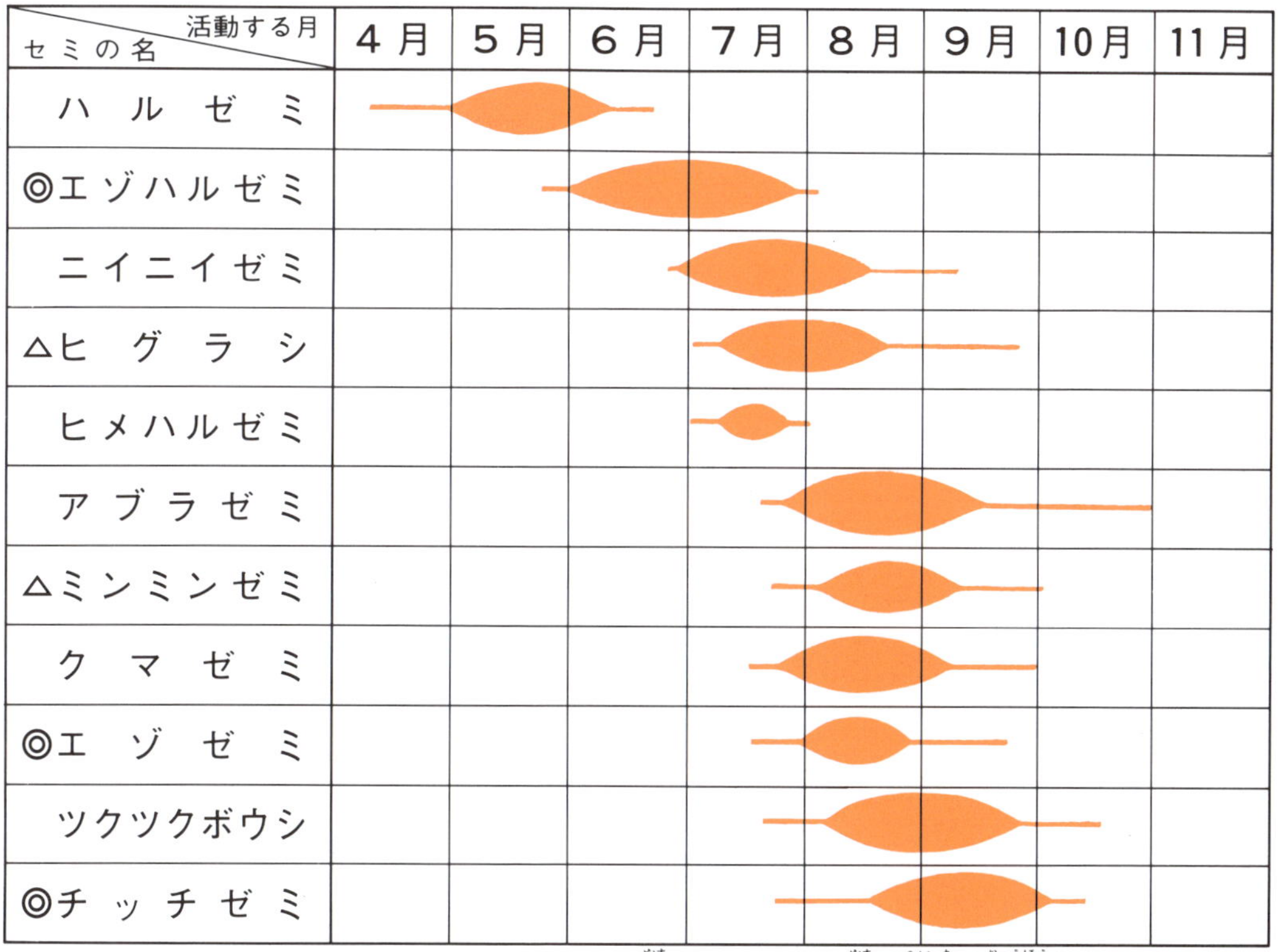

◎は山《やま》のセミ，△は山《やま》と平地《へいち》の両方《りょうほう》にいるセミです。

ニイニイゼミの食事《しょくじ》ちゅうによってきたアリ。

セミがなく時間《じかん》は、しゅるいによってちがいます。大《おお》きくわけると、午前型《ごぜんがた》、午後型《ごごがた》、朝夕型《あさゆうがた》、そして終日《しゅうじつ》（一日《にち》じゅう）型《がた》です。

クマゼミ、ハルゼミ、エゾゼミのほか、どちらかといえばミンミンゼミも午前型《ごぜんがた》。アブラゼミ、ツクツクボウシなどは午後型《ごごがた》。ヒグラシは朝夕型《あさゆうがた》。ニイニイゼミは終日型《しゅうじつがた》といえます。

こういう型《かた》ができるのは、なくのにてきした温度《おんど》とか日《ひ》の照《て》りぐあいがしゅるいによってちがうからだと考《かんが》えられています。

セミは明《あか》るさや気温《きおん》のへんかにたいへんびんかんなのでこの型《かた》がくずれることもあります。朝夕型《あさゆうがた》のヒグラシも、にわか雨《あめ》が近《ちか》づいてあたりが暗《くら》くなると日《にっ》ちゅうでもなきだします。また午前型《ごぜんがた》のクマゼミが、雨《あめ》あがり気温《きおん》がきゅうにあがると午後《ごご》にないたりします。

それは、セミが変温動物《へんおんどうぶつ》（体温《たいおん》をちょうせつするしくみをもたないしゅるい）なので、外気《がいき》の温度《おんど》によって体温《たいおん》がかわるからです。

一日《にち》のうちで、交尾《こうび》はだいぶぶんないている時間《じかん》におこなわれますが、産卵《さんらん》の時間《じかん》ははっきりきまっていません。

夜《よる》は高《たか》いしげみで休息《きゅうそく》の時間《じかん》です。でも、セミはトンボやチョウのようにぐっすりとはねむらないようです。とまっている姿勢《しせい》も昼《ひる》まとおなじで、近《ちか》づくと逃《に》げてしまいます。ニイニイゼミは、電灯《でんとう》をつけておくと夜《よる》でもなきだすことがあります。

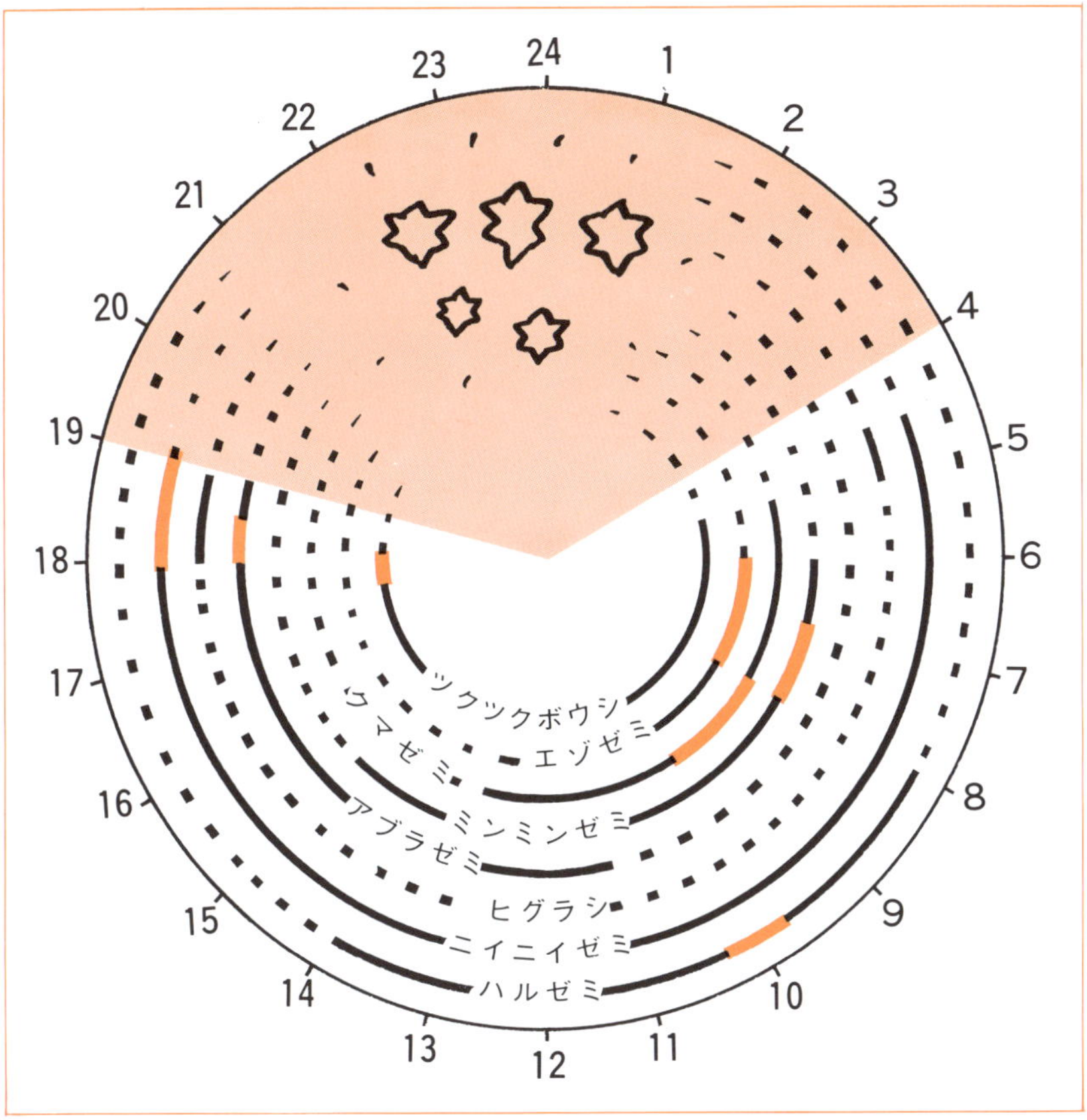

セミの24時間時計《じかんとけい》
みかた　—はないている時間《じかん》。
—は最盛期《さいせいき》。
---はその他《た》の時間《じかん》です。

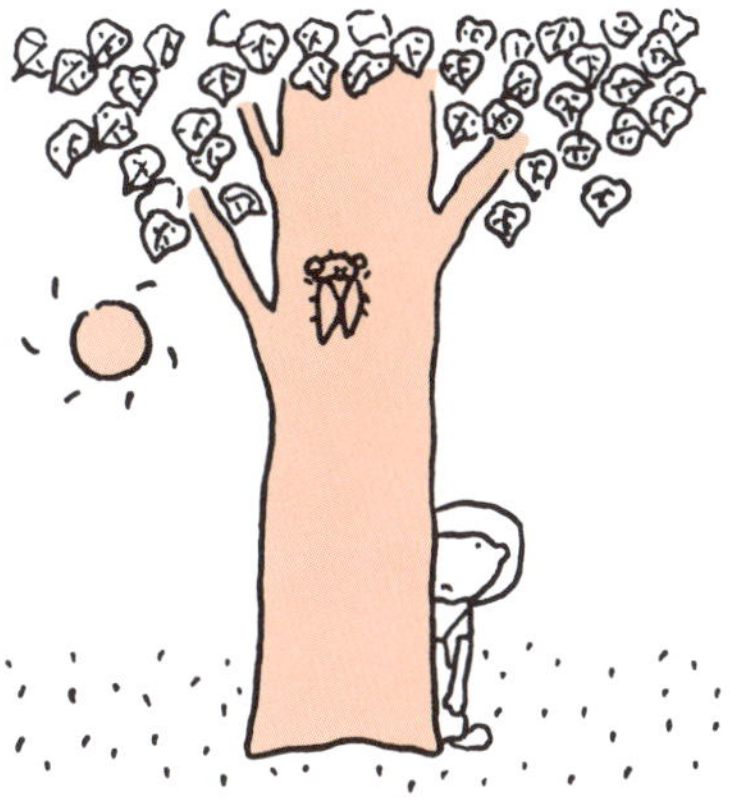

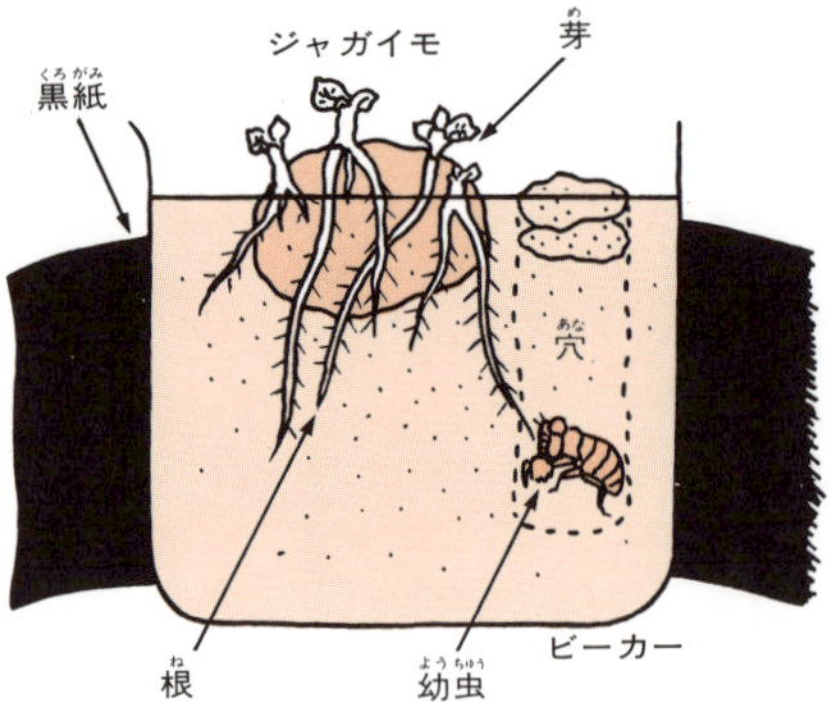

セミのノートを一さつ用意《ようい》して、観察《かんさつ》したことはなんでも書《か》きとめることにしましょう。

幼虫《ようちゅう》をさがそう

庭木《にわき》のうえかえなどしているときは、セミの幼虫《ようちゅう》がいないか注意《ちゅうい》してみることです。もしみつかったら、ビーカーなどで飼《か》ってみましょう。すこししめりけのある土《つち》をいれ、ジャガイモをうめておくと、まもなくイモから根《ね》がでてくるので、ビーカーのふちにそったところに根《ね》をはわせ、穴《あな》をあけて幼虫《ようちゅう》をいれ、土《つち》のかたまりをつめてふたをします。幼虫《ようちゅう》は明《あか》るくしておくと、奥《おく》にはいってしまうので、ふだんは黒《くろ》い紙《かみ》をまいておき、観察《かんさつ》するときだけこの紙《かみ》をとりましょう。ジャガイモのかわりにアロエをつかっても飼《か》えます。

羽化《うか》の観察《かんさつ》

夏《なつ》の夕《ゆう》がた、地面《じめん》にぽっかりあいた穴《あな》の中《なか》で外《そと》のようすをうかがっている幼虫《ようちゅう》をみつけたら、細《ほそ》い棒《ぼう》をそっとさしこんでみます。まえ足《あし》でつよくはさむので、そのままそろそろひきあげると、幼虫《ようちゅう》は棒《ぼう》につかまったままつりだされることもあります。

セミが羽化《うか》するようすを観察《かんさつ》するのはむずかしいことではありません。ゆびくらいのふとさの木《き》の枝《えだ》をびんなどにさし、枝《えだ》がうごかないようにしたものや、カーテンなどに幼虫《ようちゅう》をとまらせてやります。

正常《せいじょう》な羽化《うか》　幼虫《ようちゅう》をさかさまにした羽化《うか》の実験《じっけん》

セミを飼《か》うには……

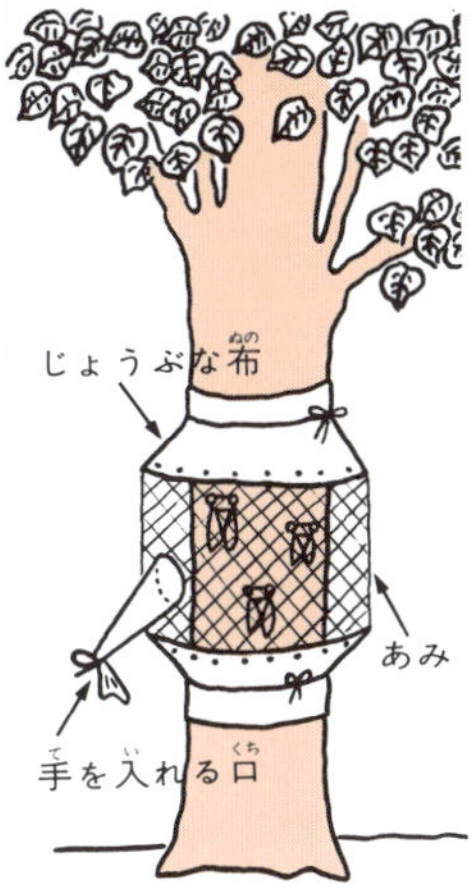

たまごの観察《かんさつ》

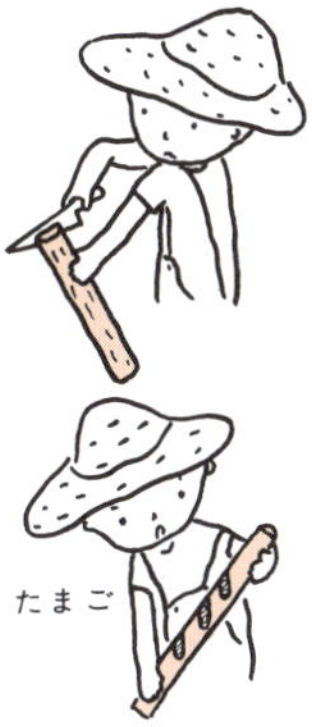

このとき枝《えだ》がかたむいていたら、幼虫《ようちゅう》はかならずうらがわのほうにとまって羽化《うか》するでしょう。われはじめてからそっと枝《えだ》をうごかして、せなかが上《うえ》になったり、頭《あたま》が下《した》をむいたりするしせいにかえてみるとどうなるでしょう。

せなかがわれるまでは、じゃまがはいるといつまでもあるきまわってなかなか羽化《うか》しないし、われはじめてからはらんぼうにうごかすと、足《あし》のつめがはずれたりしてうまく羽化《うか》できなくなりますから気《き》をつけましょう。

親《おや》のセミを飼《か》うには、どうしても生《い》きた木《き》を使《つか》わなくてはなりません。サクラ、ケヤキ、ヒマラヤスギなど、セミのこのむ木《き》に糸《いと》につないではなしたり、みきをあみ戸《ど》のスクリーンでかこってその中《なか》で飼《か》うと、一週間《いっしゅうかん》以上《いじょう》元気《げんき》になきつづけます。なくとき、お腹《なか》をどのようにうごかしているでしょうか。よく観察《かんさつ》しましょう。

たまごをうませるためには、かれ枝《えだ》をしばりつけておくこともわすれないように。たまごをうんだあとのかれ枝《えだ》は、スケッチして、穴《あな》の数《かず》をノートに書《か》きとめてから、ナイフでそっとわってみましょう。観察《かんさつ》のすんだたまごは、かんそうしすぎないよう、しめった脱脂綿《だっしめん》とともにシャーレにいれておくと、やがて幼虫《ようちゅう》が孵化《ふか》してきます。

あとがき

セミは、音楽家《おんがくか》。スズムシやマツムシなどキリギリスの仲間《なかま》の虫《むし》たちとともに、鳴《な》く虫《むし》のチャンピオンです。もしも私《わたくし》たちのくにから、セミがいなくなったなら……？　そんな森《もり》や林《はやし》を想像《そうぞう》してみましょう。自然《しぜん》がいまよりずっとさびしいものになるにちがいありません。

松林《まつばやし》で聞《き》くハルゼミの合唱《がっしょう》は初夏《しょか》の訪《おとず》れを、ニイニイゼミのうたが夏《なつ》の到来《とうらい》を教《おし》えてくれることもなくなるのですから。

セミは私《わたくし》たちの友《とも》だちです。

朝露《あさつゆ》にぬれている木々《きぎ》の間《あいだ》をまわって、まだじっとしているアブラゼミやエゾゼミのからだに、そっと指《ゆび》をあててごらんなさい。真夏《まなつ》のうれしさが私《わたくし》たちのからだにも伝《つた》わってくるでしょう。

こどものころからセミを研究《けんきゅう》してこられた橋本洽二《はしもとこうじ》先生《せんせい》にお願《ねが》いして、すばらしい解説文《かいせつぶん》を書《か》いていただきました。

それから、クマゼミの撮影《さつえい》ができたのは、中村勇《なかむらいさむ》さんとクマゼミの島《しま》・香川《かがわ》県《けん》坂出市《さかいでし》岩黒《いくろ》小中学校《しょうちゅうがっこう》並《なら》びに同校《どうこう》、島本寿次《しまもととしじ》先生《せんせい》のご好意《こうい》によることを記《しる》して皆《みな》さんに厚《あつ》くお礼《れい》を申《もう》しあげます。

佐藤有恒《さとうゆうこう》

（一九七二年六月）

NDC486
佐藤有恒
科学のアルバム　虫5
セミの一生
あかね書房 2005
54P　23×19cm

科学のアルバム
セミの一生

一九七二年六月初版
二〇〇五年 四 月新装版第 一 刷
二〇二四年一〇月新装版第一六刷

著者　佐藤有恒
　　　橋本洽二

発行者　岡本光晴
発行所　株式会社 あかね書房
〒一〇一－〇〇六五
東京都千代田区西神田三－二－一
電話〇三－三二六三－〇六四一（代表）
https://www.akaneshobo.co.jp
印刷所　株式会社 精興社
写植所　株式会社 田下フォト・タイプ
製本所　株式会社 難波製本

ISBN978-4-251-03316-1
定価は裏表紙に表示してあります。
落丁本・乱丁本はおとりかえいたします。

○表紙写真
・羽化《うか》をおえて、羽《はね》がのびきった ニイニイゼミ
○裏表紙写真（上から）
・アブラゼミ
・ニイニイゼミの羽化《うか》
・アブラゼミのぬけがら
○扉写真
・ニイニイゼミの羽化《うか》
○もくじ写真
・そらをとぶアブラゼミ

科学のアルバム

全国学校図書館協議会選定図書・基本図書
サンケイ児童出版文化賞大賞受賞

虫

モンシロチョウ
アリの世界
カブトムシ
アカトンボの一生
セミの一生
アゲハチョウ
ミツバチのふしぎ
トノサマバッタ
クモのひみつ
カマキリのかんさつ
鳴く虫の世界
カイコ まゆからまゆまで
テントウムシ
クワガタムシ
ホタル 光のひみつ
高山チョウのくらし
昆虫のふしぎ 色と形のひみつ
ギフチョウ
水生昆虫のひみつ

植物

アサガオ たねからたねまで
食虫植物のひみつ
ヒマワリのかんさつ
イネの一生
高山植物の一年
サクラの一年
ヘチマのかんさつ
サボテンのふしぎ
キノコの世界
たねのゆくえ
コケの世界
ジャガイモ
植物は動いている
水草のひみつ
紅葉のふしぎ
ムギの一生
ドングリ
花の色のふしぎ

動物・鳥

カエルのたんじょう
カニのくらし
ツバメのくらし
サンゴ礁の世界
たまごのひみつ
カタツムリ
モリアオガエル
フクロウ
シカのくらし
カラスのくらし
ヘビとトカゲ
キツツキの森
森のキタキツネ
サケのたんじょう
コウモリ
ハヤブサの四季
カメのくらし
メダカのくらし
ヤマネのくらし
ヤドカリ

天文・地学

月をみよう
雲と天気
星の一生
きょうりゅう
太陽のふしぎ
星座をさがそう
惑星をみよう
しょうにゅうどう探検
雪の一生
火山は生きている
水 めぐる水のひみつ
塩 海からきた宝石
氷の世界
鉱物 地底からのたより
砂漠の世界
流れ星・隕石